人工影响天气业务丛书

威 宁 模 式

——贵州省基层人工影响天气工作模式

贵州省人工影响天气办公室　组编

主编：　李勇　黄浩隽

内容简介

2015 年，依托中国气象局人工影响天气业务现代化建设三年行动计划的实施，贵州省气象部门以威宁为试点，开展基层人工影响天气现代化示范建设。2018 年，贵州在全省范围内推广以“一科”“二联”“三化”“四保障”为主要内容的基层人工影响天气工作模式——“威宁模式”工作经验。“威宁模式”的建立及推行，极大地提升了贵州省基层人工影响天气业务的科技含量、管理水平、作业效益，在助力脱贫攻坚和生态文明建设中发挥了重要作用。本书分三章介绍了威宁彝族回族苗族自治县的自然环境，“威宁模式”的发展历程和主要内容，以及“威宁模式”取得的效益。

本书可供人工影响天气管理人员和作业人员借鉴参考。

图书在版编目（CIP）数据

威宁模式 : 贵州省基层人工影响天气工作模式 / 李勇，黄浩隽主编. -- 北京 : 气象出版社，2021.8
（人工影响天气业务丛书）
ISBN 978-7-5029-7512-8

Ⅰ. ①威… Ⅱ. ①李… ②黄… Ⅲ. ①人工影响天气－研究－贵州 Ⅳ. ①P48

中国版本图书馆CIP数据核字(2021)第153787号

威宁模式——贵州省基层人工影响天气工作模式
Weining Moshi——Guizhou Sheng Jiceng Rengong Yingxiang Tianqi Gongzuo Moshi

---

出版发行：气象出版社
地　　址：北京市海淀区中关村南大街 46 号　　**邮政编码**：100081
电　　话：010-68407112（总编室）　010-68408042（发行部）
网　　址：http://www.qxcbs.com　　**E-mail**：qxcbs@cma.gov.cn
责任编辑：彭淑凡　郭健华　　**终　　审**：吴晓鹏
责任校对：张硕杰　　**责任技编**：赵相宁
封面设计：地大彩印设计中心
印　　刷：北京建宏印刷有限公司
开　　本：850 mm×1168 mm　1/32　　**印　　张**：2.25
字　　数：52 千字
版　　次：2021 年 8 月第 1 版　　**印　　次**：2021 年 8 月第 1 次印刷
定　　价：40.00 元

本书如存在文字不清、漏印以及缺页、倒页、脱页等，请与本社发行部联系调换。

编 委 会

主　编: 李　勇　黄浩隽

副主编: 文继芬　邹书平　李枚曼　刘国强　彭宇翔　张　萍　陈　林　周丽娜　曾　勇　黄　钰

成　员: 罗喜平　许　弋　刘　伟　饶　莲　杨木者　崔　蕾　汪　丽　李　玮　陈　林　张小娟　李　皓　刘　涛　罗　雄　唐辟如　卫　虹　汪　丽　田红玲　喻乙耽　李怀志　周本方

前言

一直以来，贫困区域存在生态脆弱、农业基础设施薄弱、防灾减灾能力弱、频繁的气象灾害导致返贫率高等问题，对症下药才能药到病除，破解这些长期制约当地经济社会发展的难题已成为打赢脱贫攻坚战、推动乡村振兴的“关键战役”，而提升基层人工影响天气（简称“人影”）现代化水平则是赢得胜利的“重要战术”。

贵州省人工影响天气工作始于20世纪50年代，是国内起步较早的省份。经过几十年的发展，逐步形成组织体系健全、技术优势明显、基础设施完备、作业装备齐全、人才结构完整的人工影响天气事业发展格局，尤其在基层人工影响天气科学作业指挥方面，持之以恒、与时俱进，通过工作实践和技术创新，凝练出具有贵州特色的基层人工影响天气科学作业模式——“威宁模式”。

“威宁模式”的主要特点是“一科”“二联”“三化”“四保障”。一科：加强科技创新，构建人工影响天气作业新模式。以威宁为核心区，建设冰雹防控外场试验示范基地，提升基层人工防雹增雨科技含量。二联：加强联防联动，探索人工影响天气指挥新机制。加强防雹作业的上下游联防和预警指挥的上下级联动，实现冰雹的全路径防御和全时域调度。三化：加强统筹集约，建立人工影响天气业务新体系。推进作业指挥精准化、作业炮站信息化、作业装备自动化，建立防雹预警及时、指令传输通畅、操作智能便捷的科学作业模式。四保障：完善制度保障，推动人工影响天气事业新发展。做好法制、组织、人才和安全保障，构建规章制度完善、组织体系健全、人才结构合理、安全基础牢固的人工影响天气发展新格局。

“威宁模式”践行了新时期人工影响天气高质量发展的基本理念，体现了人工影响天气现代实时业务的全面要求，取得了人工影响天气服务乡村振兴的良好效益，具有较好的示范推广价值。该模式的探索建立及推行，极大提升了贵州基层人工影响天气业务的科技含量、管理水平、作业效益，在助力脱贫攻坚和生态文明建设中发挥了重要作用，得到中国气象局和贵州省委、省人民政府的充分肯定。

贵州省人工影响天气办公室

2021 年 2 月

目　录

第 1 章　威宁县的自然环境

1.1　威宁县地理位置

威宁彝族回族苗族自治县（简称威宁县）位于东经 103°36′—104°45′，北纬 26°30′—27°25′，面积 6296.3 平方千米。位于贵州省西北部云贵高原乌蒙山腹地，地处内陆低纬度高海拔地区，与贵州省赫章县、水城县（现改为水城区），云南省宣威市、会泽县、鲁甸县、昭阳区、彝良县相接，属亚热带季风性湿润气候。威宁县交通图如图 1.1 所示。

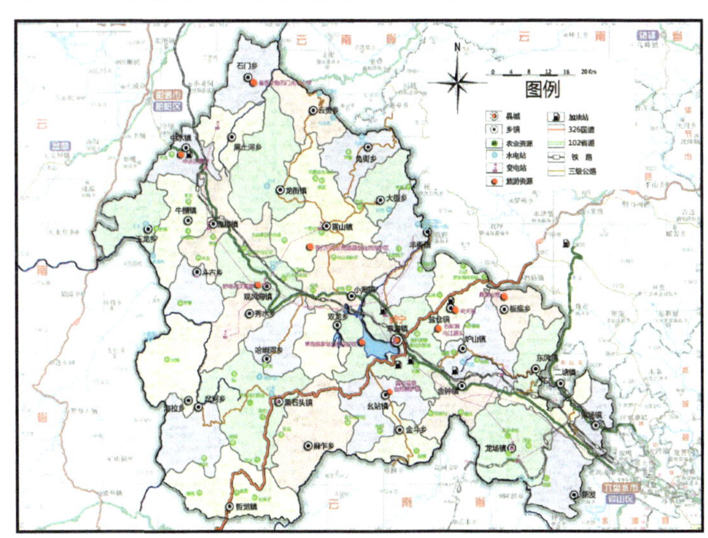

图 1.1　威宁县交通图

1.2 地形地貌特征

县境中部为高原台地，开阔平缓，以山为隔，盆坝相间，四周为深切河谷，峰壑交错，江河奔流，为“四江之源”。境内最高处海拔 2879 米，最低处海拔 1234 米，平均海拔 2200 米，乌蒙山余脉纵贯全境，自西北向东南分成 3 个小山系呈“川”字分割全县（见图 1.2），地形复杂破碎，气候多变。

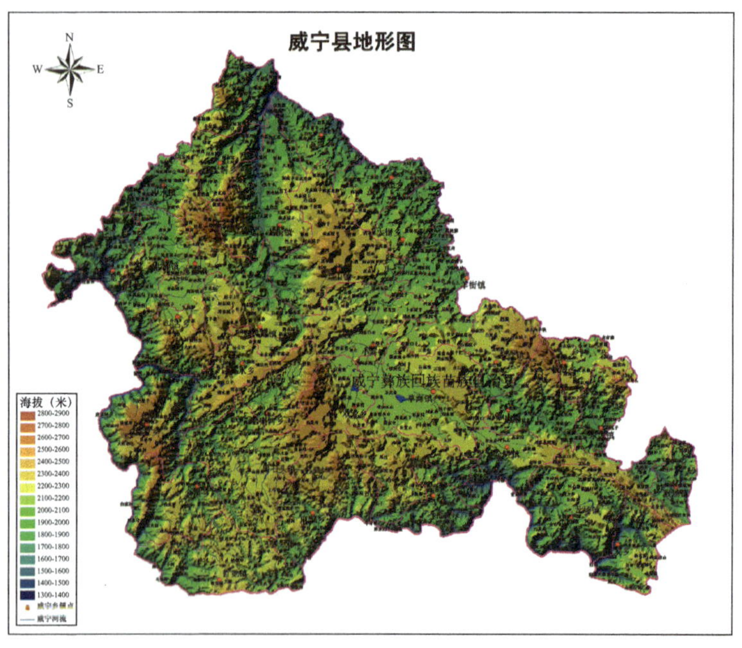

图 1.2 威宁县地形图

威宁县中部为山原山脊和盆坝相间，有较完好的高原面。四周为深切河谷，分别是北部的洛泽河谷（长江水系横江一级支流）、东南部的二塘河谷（长江水系乌江上游）、南部的可渡河谷（珠江水系北盘江一级支流）、西部的牛栏江河谷（长江水系一级支流）。

中部的高原面积 2675 平方千米，占全县总面积的 42.49%。高原面微波起伏，地势平缓开阔，丘陵和坝子相间，大部分高差在 200 米以内，具有高原丘陵景观。高原面为缓丘山原区。缓丘盆坝区为草海小海坝区、观风牛棚坝区、龙街片戛利坝区、黑石坝区，有万亩以上的坝子 14 个，牛棚、白碗、迤那、观风、秀水、小海、草海、金钟为标准的岩溶盆地，海拔为 2000 ～ 2280 米。地貌特点是山地比重大，河流切割强烈，喀斯特地貌明显。

1.3　气候特征

威宁县位于贵州西部，属于高海拔、低纬度季风气候湿润区，年温差小，日温差大，干、湿两季明显，雨热同季，雨量集中在 5—9 月，8 月下旬多阴雨，冬无严寒、夏无酷暑。

年均气温为 10.5℃，最冷月平均气温为 2.0℃，最热月平均气温为 17.5℃。雨量分布不均，年平均雨量为 890 毫米，其中，4—9 月降雨量为 748.1 毫米，占全年降雨量的 84%，年平均相对湿度为 79%，最小相对湿度为 4%，年平均无霜期为 204 天，全年日照为 1744.1 小时，年平均风速为 3.5 米 / 秒，最多风向为东南风，年平均蒸发量为 1356.1 毫米，年雷暴日数为 62.3 天。主要气象灾害有持续性凝冻、干旱、低温阴雨、强降温、倒春寒、霜冻、洪涝、冰雹、大风、雷暴。

1.3.1 暴雨洪涝时空分布

威宁县降水主要集中在主汛期（5—8 月），常有强度大、时间短、范围小的暴雨、大雨出现。暴雨、大雨或连续性降水天气过程会引起山洪、滑坡、泥石流等灾害发生。从威宁县年平均暴雨日数时空分布来看，南部多于北部，东南部多于西北部。

1.3.2 干旱时空分布

威宁县干旱灾害频繁，对农作物生长和粮食的产量影响较大。威宁县素有“春旱年年有”的说法，尤其是其西北部，基本上每年都有不同程度的干旱发生。从季节上看，春旱和夏旱多于秋冬旱。以春旱和夏旱对作物产量影响较大，秋冬旱影响较小。春旱较为严重的区域在西北部大部分乡镇以及西南部和南部部分乡镇，其中 8 个乡镇位于严重春旱区，10 余个乡镇位于重春旱区，近 20 个乡镇位于中等春旱区（见图 1.3）。

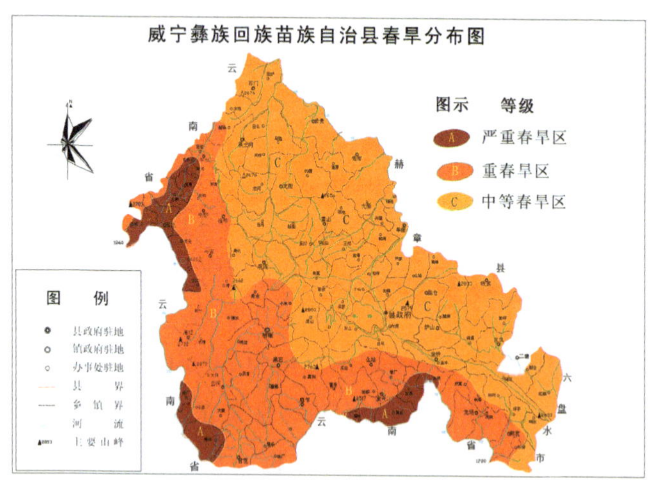

图 1.3　威宁县春旱分布图

夏旱较为严重的区域主要在西北部和南部，其中 1 个乡镇属于特重夏旱区，6 个乡镇属于重夏旱区，近 10 个乡镇属于中等偏重夏旱区，近 20 个乡镇属于中等偏重夏旱区（见图 1.4）。

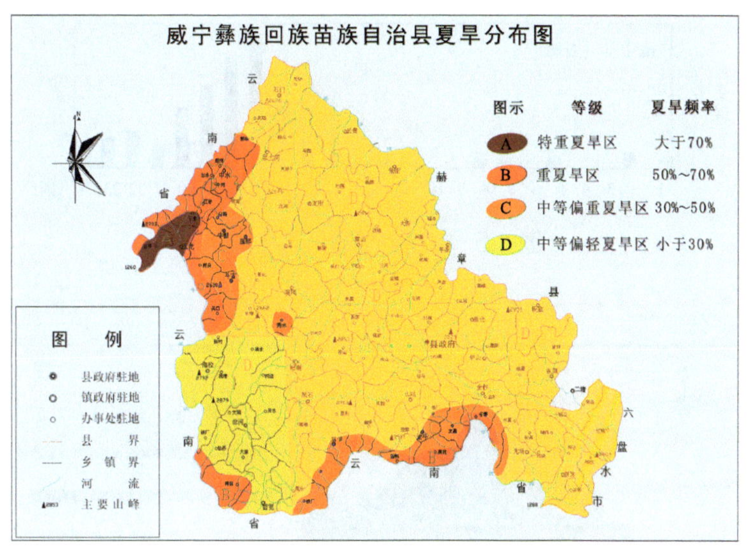

图 1.4　威宁县夏旱分布图

1.3.3　冰雹时空分布

威宁县冰雹的出现一般均伴随有大风、雷暴等强对流天气现象，具有明显的季节性，以春夏季居多。历年全县冰雹发生次数显示冰雹次数呈双峰型分布，以 7 月、8 月出现次数最多，5 月、6 月次之，4 月最少，但极少年份冬季也会出现冰雹。从冰雹出现时间来看，日变化也是十分显著的，12—21 时冰雹发生占一天的总次数 85% 左右，最多出现时间在 15—17 时（见图 1.5）。根据历年观测资料、灾情资料统计得出，冰雹日数空间分布东西差异明显，东部冰雹明显多于西部；南北差异较小，但总体北部多于南部（见图 1.6）。

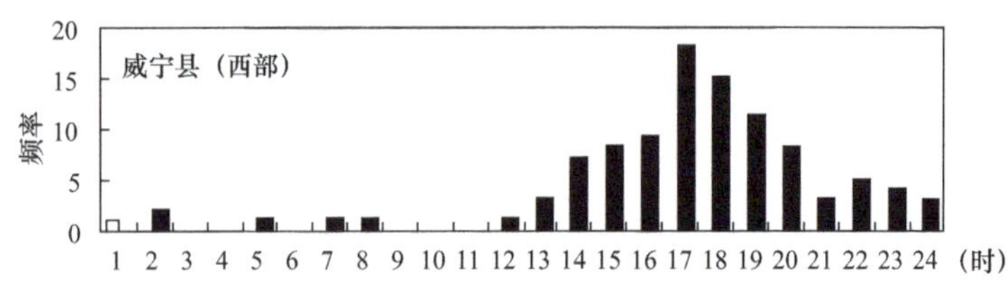

图 1.5　威宁县降雹日时段频率

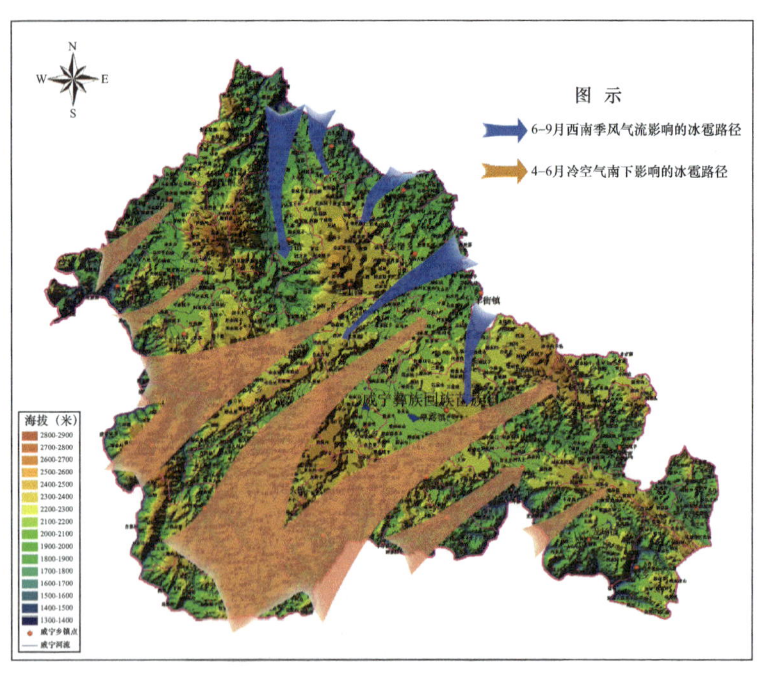

图 1.6　威宁县冰雹路径示意图

1.4　威宁县气候灾害特点

受云贵高原台地及斜坡过渡带的复杂地形影响，威宁县气象灾害频发，每年春旱、倒春寒、暴雨山洪、冰雹、雷电、大风、晚夏冷涝、秋风、秋绵雨、凝冻等灾害性天气交替出现。其中，干旱和冰雹最为突出（见图 1.7—图 1.9）。

图 1.7　乒乓球般大小的冰雹

图 1.8　冰雹砸坏蔬菜

图 1.9　干旱的农田

威宁县靠近横断山脉，有利于初始对流云的生成，在北半球西风带环流的作用下，初始对流云自西向东移动，遇到有利的天气形势和环境条件的配合即加强发展成冰雹云，平均每年出现 25 次冰雹天气过程，对全县经济社会发展和人民群众生产生活造成巨大危害。

据民政部门统计，威宁县平均每年因各类气象灾害造成的经济损失在 2 亿元左右，其中冰雹导致农作物受灾面积达 8000 亩[①]（2016 年接近 3 万亩，创历史之最），严重制约和影响粮烟果蔬生产发展及产业结构调整，是广大农户因灾致贫和返贫的因素之一。

1.5　人工影响天气的重要性

2014 年《全国人工影响天气业务发展指导意见》指出，人工影响天气工作是党和政府促进经济社会发展、保障人民群

① 1 亩≈666.67 平方米，下同。

众安全福祉的一项民生工程，是保障国家粮食安全、水安全、生态安全、公共安全的一项公益事业，是提高气象防灾减灾能力、应对气候变化能力、开发利用气候资源能力的一项基础工作。

贵州是全国脱贫攻坚与生态建设的主战场之一，习近平总书记 2015 年调研贵州时指出，要科学谋划好“十三五”时期扶贫开发工作，并提出扶贫开发“贵在精准，重在精准，成败之举在于精准”。

威宁县位于乌蒙山连片特困地区的核心地带，贫困程度极深，扶贫任务艰巨。同时，威宁是毕节试验区实施生态建设的重点区域，国家发改委于 2015 年专门出台《贵州草海高原喀斯特湖泊生态保护与综合治理规划》，战略意义突出。

威宁县受区域经济整体发展水平、农业自然条件及边缘化的空间区位影响。从总体来看，威宁县农业目前仍处于传统农业阶段，农业科技水平低、产业化水平低，农业产业结构不尽合理，优势资源未能得到合理利用，农业投入少，基础设施薄弱。而农业面对气象灾害更加脆弱，因此气象灾害对农业造成的损失绝对值呈上升趋势。

当前迫切需要增强人工影响天气业务能力、科技水平和服务效益，提高人工影响天气作业（增雨抗旱、防雹减灾等）能力，保障粮食安全；提高云水资源开发利用能力，缓解水资源短缺，保障水资源安全；加强生态保护能力和改善城乡大气环境等方面的人工影响天气工作，保障生态安全；加强降低森林草原火险等级的人工增雨、保障交通安全的人工消雾等工作，保障社会的公共安全；提高重大社会活动的人工消云减雨能力，保障重大活动的顺利开展。

人工影响天气作为抵御冰雹、干旱等自然灾害的主要工程技术手段，已经成为威宁县粮食及经济作物生产的“保护伞”，是农民从事农业生产的“定心丸”，是党委、政府实施大扶贫与大生态战略行动的“民心工程”。

第 2 章　贵州基层人影科学作业和管理模式——“威宁模式”

近年来，在中国气象局的关心和支持下，贵州省气象部门基于本地脱贫攻坚和生态文明建设需求，按照中国气象局的工作要求，立足于解决基层人影工作在体制和机制方面存在的问题，将基层人影工作的重点聚焦在临近预警、跟踪监测及作业指挥，通过强化作业能力建设和新技术推广应用，提高对天气系统的分析研判，不断完善本地作业指标，并加强上下级间的沟通和互动，创新性地构建起防雹预警及时、指令传输通畅、作业指挥准确的基层人影科学作业和管理模式——“威宁模式”。

2.1　发展历程

始于 20 世纪 50 年代的贵州省人工影响天气工作以“防灾减灾为人民”为初心，从无到有，从土法作业到新型装备作业，从单纯地面作业到空中地面立体作业，从只靠人工到逐步实现自动化，不断发展，不断进步。第一阶段为土法防雹阶段，20 世纪 50 年代至 70 年代，贵州主要是不断采用土炮、土火箭在局地开展人工防雹试验（见图 2.1、图 2.2）。第二阶段为规模化阶段，20 世纪 80 年代至 90 年代，贵州人影已初具规模，虽然仍是以防雹为主，但是基本告别了土制火箭和土炮，作业工具主要是“37”高炮，“37”高炮安全、稳定、发射高度高、防雹效果较好，在全省范围陆续推广应用，冰雹防护区逐步形成。第三阶段是作业民兵正规化管理阶段，1998—2010 年，作业民兵实现正规化管理，雷达成为人工防雹增雨作业指挥的重要技术手段（见图 2.3、图 2.4）。第四阶段是结构升级新阶段，2010—2016 年，贵州开发人工防雹增雨业务技术系统，推进作业炮站标准化、信息化建设，在作业装备上，出动作业高炮 490 多门、火箭发射装置 210 多套开展人影工作，全省从事人影工作的达 2600 多人。2017 年以来，以中国气象局人工影响天气三年行动计划实施为依托，全面整合人工影响天气技术和装备，切实强化业务、科研和管理人才队伍建设，不断完善上下游联防机制，作业指导更加科学、作业指挥更加快捷、作业操作更加安全，其中以威宁县人工影响天气工作为典型的具有贵州特色的基层人工影响天气工作“威宁模式”正式形成。

图 2.1　1973 年威宁县气象局发射自制土火箭

图 2.2　作业民兵制作的土炮

图 2.3　2000 年六盘水市使用的单管高炮

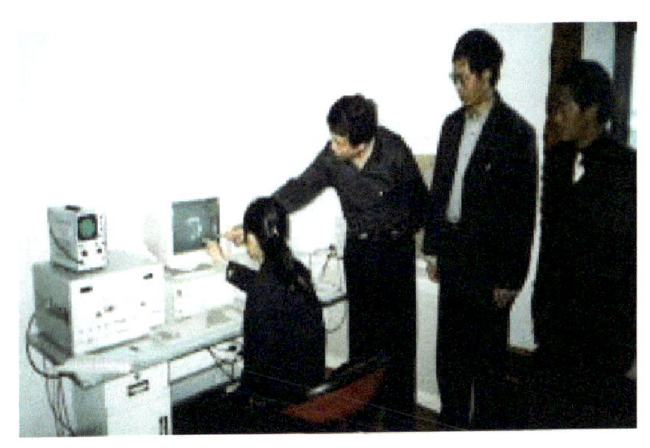

图 2.4　1997 年威宁县气象局购置第一部 711 测雨雷达

2018 年，中国气象局将以威宁为核心区的冰雹防控外场试验示范基地纳入国家级人工影响天气能力建设工程，并通过宣传和推广“威宁模式”的成功经验，打造在全国具有示范意义的人工防雹业务技术体系，并成立冰雹防控技术工程中心（见图 2.5），推进我国在新一代冰雹防控工程技术集成应用方面的发展，着力破解人影事业发展中所面临的难题。

图 2.5　冰雹防控外场试验示范基地成立专门技术工程中心

2.2　主要内容

“威宁模式”以保障脱贫攻坚和生态文明建设为重要抓手，着力从创新工作机制、完善管理体系、优化业务流程、打造外场基地、强化综合保障等方面重点推进，开展常态化人工影响天气防雹作业，聚焦本地化人工影响天气服务保障需求，推进现代化人工影响天气作业能力建设，提升精细化人工影响天气综合服务效益，打造专业化人工影响天气技术人才队伍，构建规范化人工影响天气管理体系，从根本上解决作业盲目性和管理粗放性问题，实现科学指挥、精准作业和制度规范。

“威宁模式”主要包括“一科”“二联”“三化”“四保障”。一科：加强科技创新，构建人工影响天气作业新模式。以威宁为核心区，建设冰雹防控外场试验示范基地，提升基层人工防雹增雨科技含量。二联：加强联防联动，探索人工影响天气指挥新机制。加强防雹作业的上下游联防和预警指挥的上下级联动，实现冰雹的全路径防御和全时域调度。三化：加强统筹集约，建立人工影响天气业务新体系。推进作业指挥精准化、作业炮站信息化、作业装备自动化，建立防雹预警及时、指令传输通畅、操作智能便捷的科学作业模式。四保障：完善制度保障，推动人工影响天气事业新发展。做好法制、组织、人才和安全保障，构建规章制度完善、组织体系健全、人才结构合理、安全基础牢固的人工影响天气发展新格局（见图 2.6）。

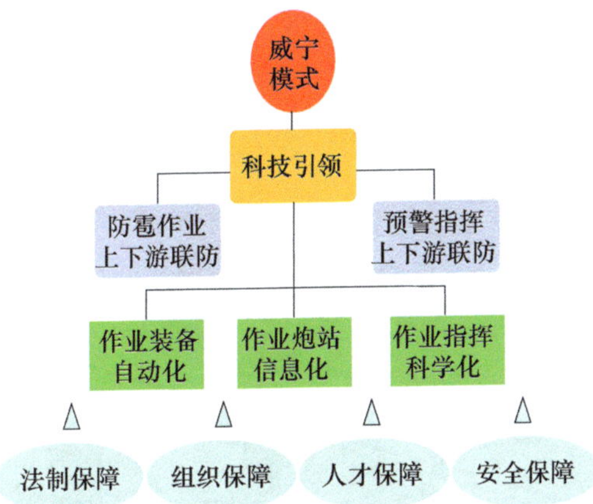

图 2.6　贵州省人工影响天气“威宁模式”组成结构示意图

2.2.1　“一科”——狠抓科技创新，提升人工影响天气技术水平

威宁县依托贵州省冰雹防控外场试验示范基地建设，通过强化人工影响天气作业能力建设和新技术推广应用，在以多普勒天气雷达为主的区域天气监测预警系统的基础上，补充建设双偏振雷达和局地预警雷达，确立“大雷达预警、小雷达指挥”的人工影响天气作业新模式。同时，与高等院校、科研院

所深入合作，研究本地化冰雹判别和作业预警指标，研发天气雷达与高炮火箭智能联动的作业系统，形成具有特色的人工影响天气技术成果。

（1）建设外场基地

2017 年，贵州省气象局组建冰雹防控技术工程中心，以威宁为核心区打造冰雹防控外场试验示范基地，并在威宁县气象局大院建设办公用房和业务平台（见图 2.7），建立日常工作职责和管理制度，每周轮流安排人员到威宁外场基地值班，开展冰雹防控相关科学研究。

图 2.7　冰雹防控外场试验示范基地业务工作平台

（2）建立预警指标

威宁县气象局利用近 20 年全县作业炮站和民政部门收集的乡镇降雹资料，采用图形报表、数理统计、多指标套叠等方法分析威宁冰雹的年、月、日变化规律，建立冰雹预报预警物理量指标（见图 2.8），有效提升了冰雹预报准确率，为人工防雹消雹提供了有价值的参考依据。

（5）承担科学试验

近年来，威宁先后承担多项人工影响天气科学试验，包括 WR-1D 型火箭防雹试验、WR-1A 型火箭防雹试验、中兵新型数字化火箭防雹增雨试验（见图 2.11）、37 高炮自动化改造业务试验、13 型人雨弹业务试验（见图 2.12）、国家级人雨弹物联网管理试点、毫米波云雷达观测试验等，积累了丰富的科学实践经验。

图 2.11　威宁县开展人工影响天气科学火箭防雹试验

图 2.12　作业炮站开展人工影响天气科学人雨弹业务试验

2.2.2 “二联”——强化联防联动，综合发挥人工影响天气效益

由于特殊的地理和气候原因，威宁县是南方地区乃至全国冰雹最严重的区域之一，冰雹呈现生成发展快、降雹频次高、影响范围广、局部灾害重、防范难度大的特点，同时威宁也是贵州两条主要冰雹路径的发源地，整个冰雹路径上的降雹过程多、时间跨度长、受灾程度重、作业规模大。因此，以威宁为核心区，在全省范围实施冰雹上下游联防和上下级联动机制，对上游区域初生阶段的雹云进行有效抑制，对于提高人工防雹作业效果具有重要意义（见图 2.13）。

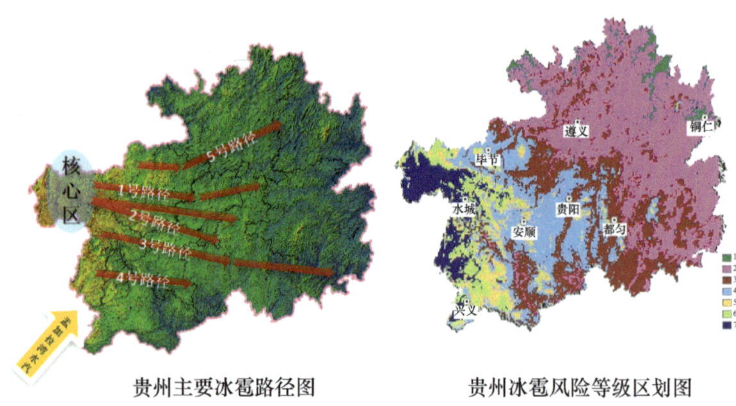

贵州主要冰雹路径图　　贵州冰雹风险等级区划图

图 2.13　贵州冰雹路径图及冰雹风险区划示意图

（1）防雹作业上下游联防

为了落实冰雹上下游联防机制，贵州省人工影响天气办公室出台了补偿措施，在全省范围内积极推进冰雹源和冰雹路径

上游区域加大防雹作业用弹量，通过完善冰雹联防作业机制，在初生阶段及时抑制雹云发展，争取最佳的防雹作业效果。

近年来，贵州省冰雹路径上游地区开展人工影响天气作业的用弹量呈现逐年增加趋势，2018 年共计使用人雨弹 50000 余发，火箭弹 1000 余枚，比 2015 年增长了一倍。2018 年在全省冰雹路径上，从上游到下游用弹量依次为 4 万发以上到 1 万发（见图 2.14），2018 年上游地区用弹量比 2017 年多 1 万余发，冰雹路径下游区域降雹站数减少，受灾情况明显减轻（见图 2.15）。经统计，近 5 年冰雹路径下游降雹站数和受灾情况呈现逐年下降趋势，上下游联防作业取得显著成效。

（2）预警指挥上下级联动

贵州省人工影响天气工作者通过探索和总结，充分汇聚各方智慧，通过人工影响天气现代化技术手段，以作业指挥精准化、作业炮站信息化、作业装备自动化为载体，构建“横向到边、纵向到底”的四级人工影响天气业务体系，努力做到科学指导、预警及时、指挥有力、精确打击，形成具有贵州特色的“省级指导、市级预警、县级指挥、炮站实施”的四级人工影响天气业务技术体系（见图 2.16）。2015 年以来，贵州省作业空域申请批复率保持在 88% 左右，防雹作业有效率保持在 90% 以上。

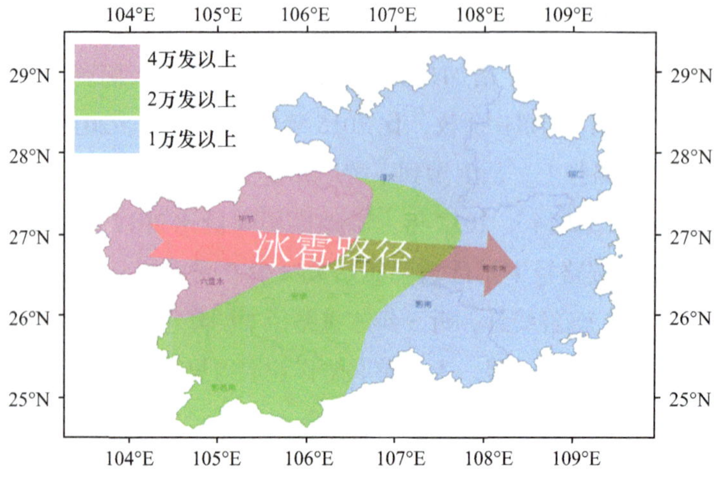

图 2.14　2018 年贵州省作业用弹量分布图

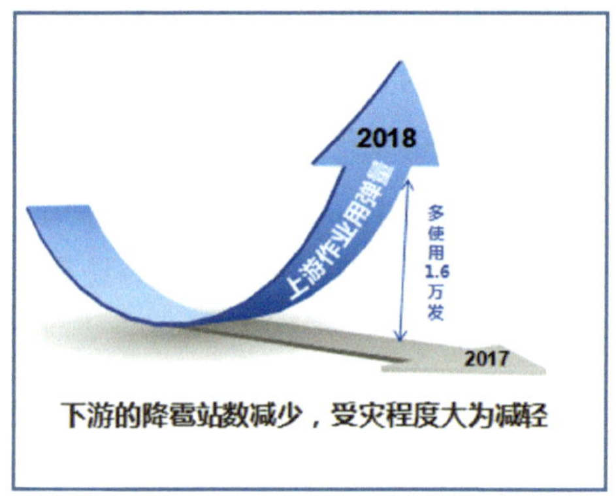

图 2.15　2018 年较 2017 年受灾程度大为减轻

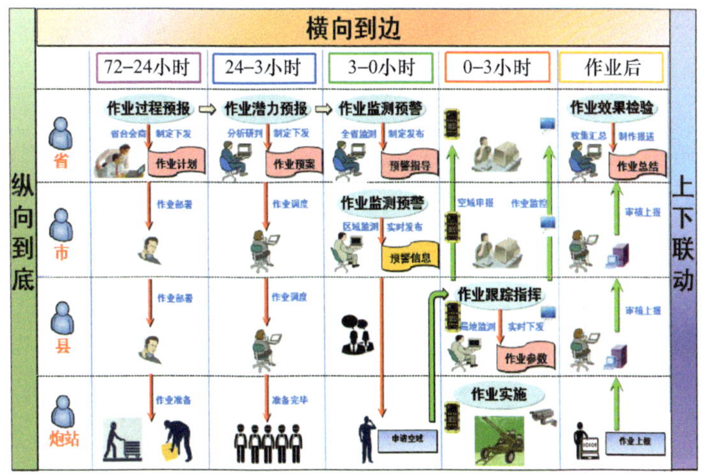

图 2.16　贵州省人工影响天气上下级联动示意图

2.2.3　“三化”——作业指挥精准化、作业炮站信息化、作业装备自动化，构建人工影响天气作业新模式

（1）作业指挥精准化

大雷达科学定位。云南昭通市新一代天气雷达站位于威宁西北侧，相距威宁县城不到 70 千米，且在威宁天气系统上游，可以覆盖威宁县所有乡镇，只要天气系统在宣威、会泽、昭通生成，在西风气流引导下，都要向威宁方向移动发展。因此，为解决毕节市雷达距离威宁县较远且受地形遮挡存在盲区的问题，威宁县气象局与云南省昭通市气象局建立跨省区域联防机制，由昭通市气象局将雷达实时资料通过网络推送到威宁县人工影响天气业务平台，并在昭通多普勒雷达原软件上加入威宁 37 个作业炮站坐标，为威宁县人工影响天气短临预警和作业指挥提供更加科学、精准的技术支撑（见图 2.17）。

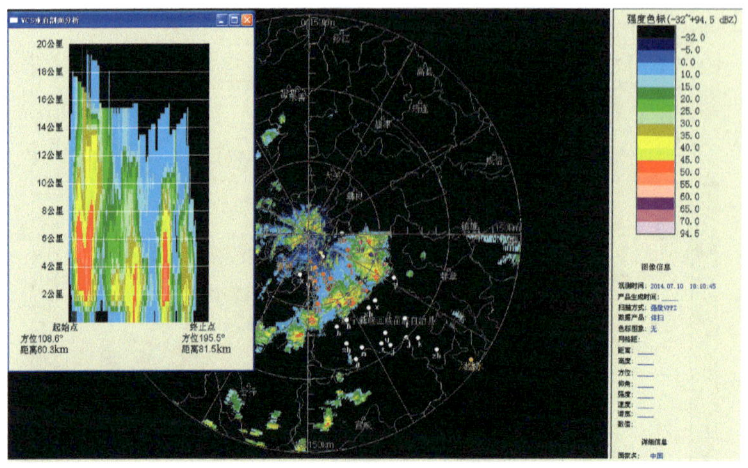

图 2.17　叠加威宁炮站信息的昭通雷达实时显示软件

小雷达精确打击。在昭通多普勒雷达为主的大范围天气监测的基础上，威宁县因地制宜，通过与成都信息工程大学合作，研制基于常规数字化雷达的局地作业预警指挥系统，从简明的物理意义到综合识别作业天气背景、作业预警和作业指挥的过程，通过回波强度、尺度、结构、演变和其他的物理量，确定所针对的雷达回波是否出现降雹、降雨等天气过程（见图 2.18）。在作业指挥过程中，威宁县气象局雷达通过 PPI 扫描发现冰雹云系时（见图 2.19），指挥人员可适时进行 RHI 扫描，此时系统根据本地化作业指标进行判断，结合当天 0℃层和 −20℃层的高度，自动识别出冰雹云系即将影响的炮站，并进行动态更新（见图 2.20）。

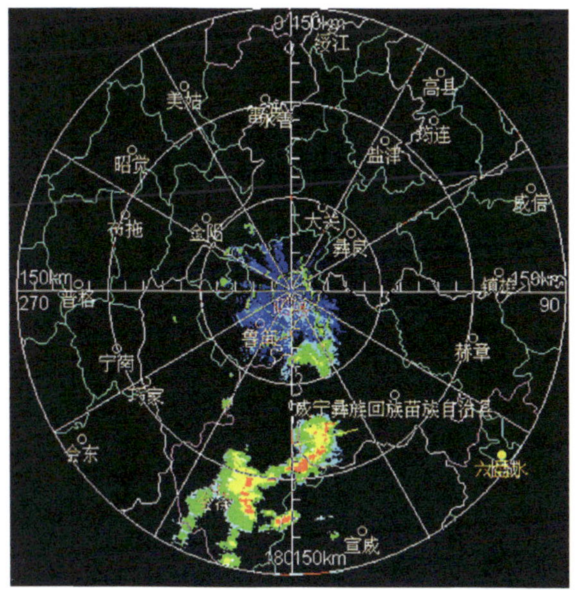

图 2.18　威宁县 XDR-M1D 型 X 波段局地作业指挥雷达

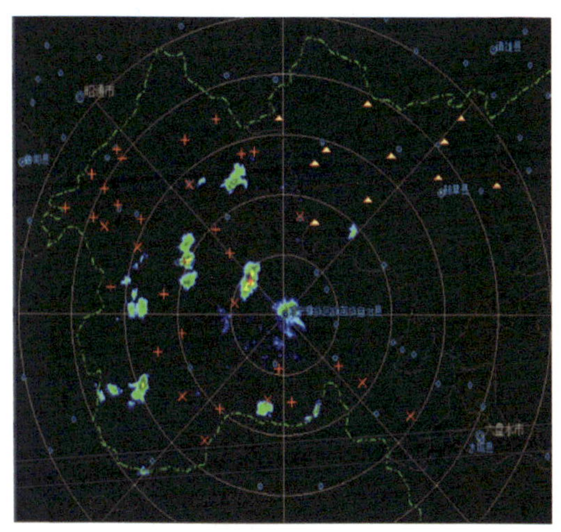

图 2.19　威宁县人工影响天气雷达 PPI 扫描界面

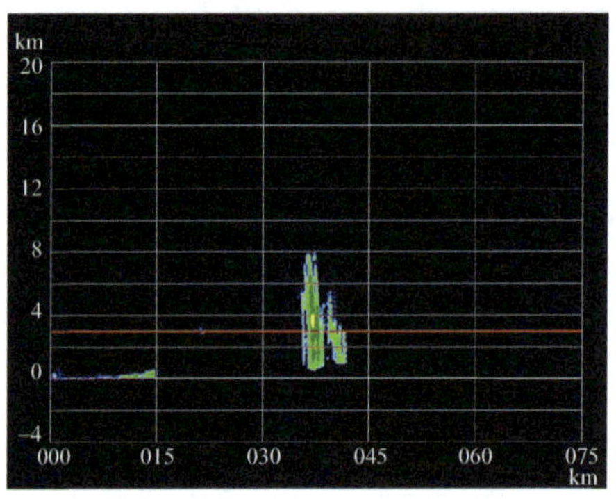

图 2.20　威宁县人工影响天气雷达 RHI 扫描界面

然后通过数学方法推算回波覆盖区域内作业点分布情况，输出适合实施作业炮站的方位、仰角、用弹量等作业参数，为指挥炮站精确作业提供科学依据（见图 2.21）。

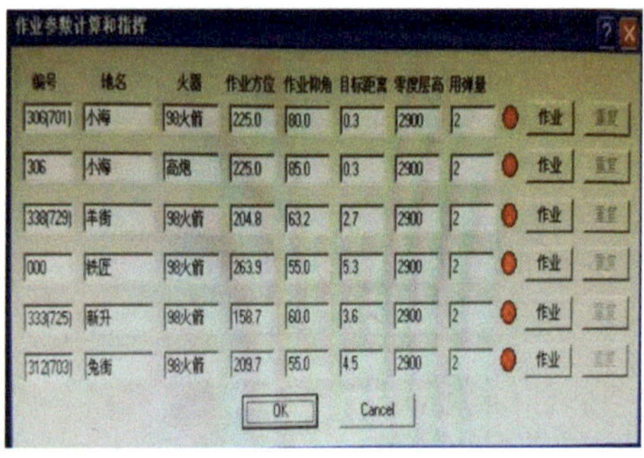
作业参数计算和指挥

编号	地名	火器	作业方位	作业仰角	目标距离	零度层高	用弹量		
306(701)	小海	98火箭	225.0	80.0	0.3	2900	2	作业	重置
306	小海	高炮	225.0	85.0	0.3	2900	2	作业	重置
338(729)	羊街	98火箭	204.8	63.2	2.7	2900	2	作业	重置
000	铁匠	98火箭	263.9	55.0	5.3	2900	2	作业	重置
333(725)	新升	98火箭	158.7	60.0	3.6	2900	2	作业	重置
312(703)	兔街	98火箭	209.7	55.0	4.5	2900	2	作业	重置

OK　Cancel

图 2.21　威宁县人工影响天气雷达作业参数测算界面

同时指挥人员通过空域申报自动化系统向空管部门进行作业申请，空管批复作业时间后，批复信息直达县气象局。县气象局通过局地雷达平台刷新实时生成的作业参数，再通过网络推送到作业炮站的高炮、火箭一体化室内操作控制台（图 2.22）。

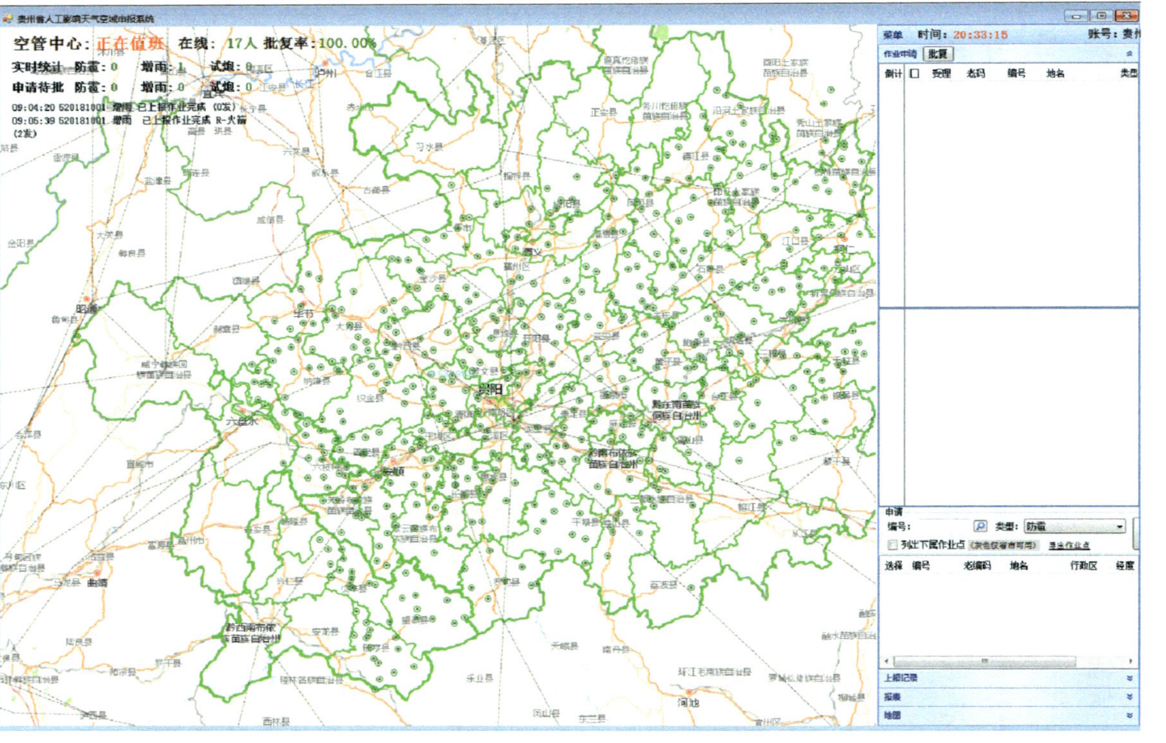

图 2.22　贵州省自动化空域申报系统界面

（2）作业炮站信息化

完善作业设施。近年来，贵州省制定了行业标准《人工影响天气作业点防雷技术规范》和地方标准《人工影响天气作业炮站建设规范》，不断完善人工影响天气基础设施，所有作业炮站均按照“两室两库一平台”的要求完成标准化建设（见图2.23），炮站使用“炮箭合一”作业系统（见图2.24），同时接入有线通信光纤、推广集群对讲终端（见图2.25）、安装实景监控系统（见图2.26）、配备弹药安全存储柜，实现弹药物联网管理（见图2.27）。

炮站全貌

值班室

民兵卧室

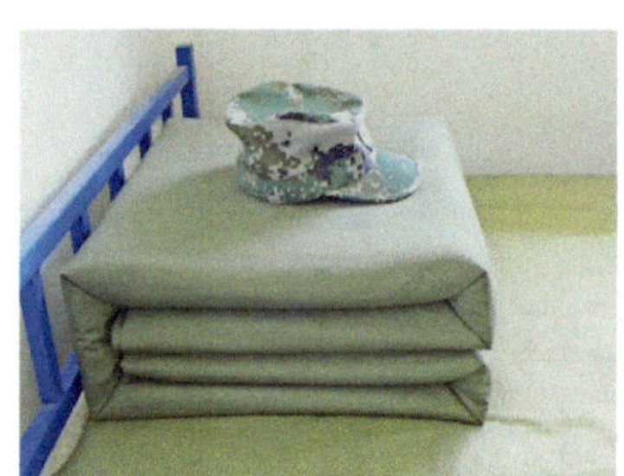

内勤

图2.23　威宁县标准化作业炮站

图 2.24　“炮箭合一”作业系统

图 2.25　集群对讲终端

图 2.26　视频实景监控

图 2.27　弹药安全存储柜和弹药物联网扫描终端

构建统一流程。贵州省人工影响天气部门利用气象学、云物理学和人工影响天气等方面的最新研究成果，通过配置适当的硬件设备和开发相应的软件系统，整合适用于全省炮站的作业实时实景监控系统、作业指挥专用通信系统、作业弹药跟踪管理系统，着力提升人工影响天气炮站的作业指挥效率和业务管理水平（见图 2.28）。

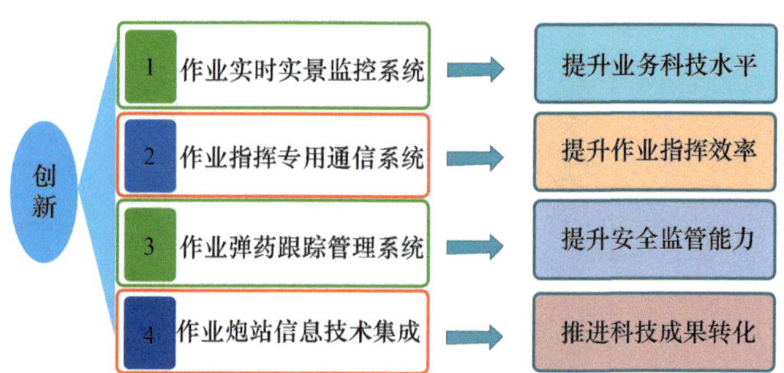

图 2.28　贵州省人工影响天气作业信息化技术结构

在作业实施过程中，县级通过实景监控系统和物联网系统持续跟踪监控炮站作业情况，并利用智能信息终端的无线对讲功能与炮站保持实时通话联系，指导炮站安全、科学开展作业。

（3）作业装备自动化

设备集成。威宁县所有作业高炮均实施自动化改造，同时配备新型自动化火箭，并与高等院校、生产厂家进行合作，通过研发具有自主知识产权的技术，以自动化操作平台的方式将高炮、火箭进行集成，与本地雷达实现信息对接（见图 2.29）。

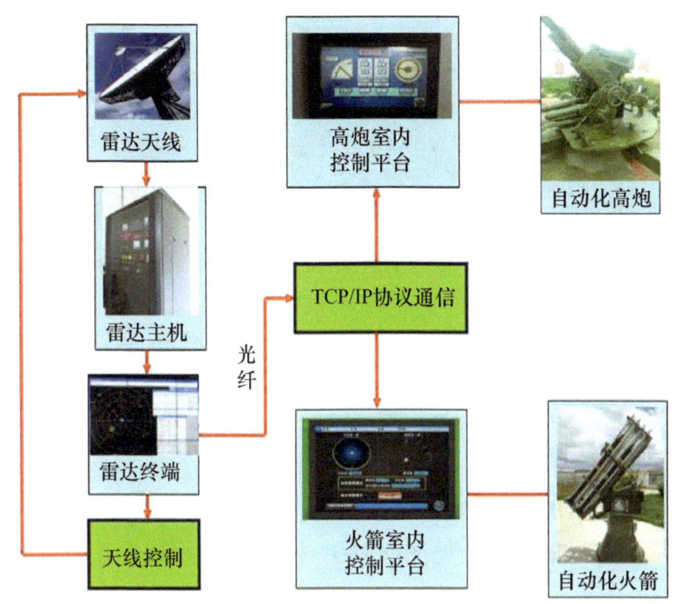

图 2.29　威宁县雷达远程指挥操作控制系统结构图

一键操作。炮站操作控制台收到作业参数后自动进行解析，将信息发送给自动化高炮和自动化火箭，高炮、火箭立即启动方位和仰角的自动定位，到达参数设置值时返回定位成功命令，此时，指挥人员和作业人员均可看到相应的指示（见图 2.30）。然后，指挥人员下达发射命令，作业人员按下点火按

键，高炮、火箭自动进行发射。

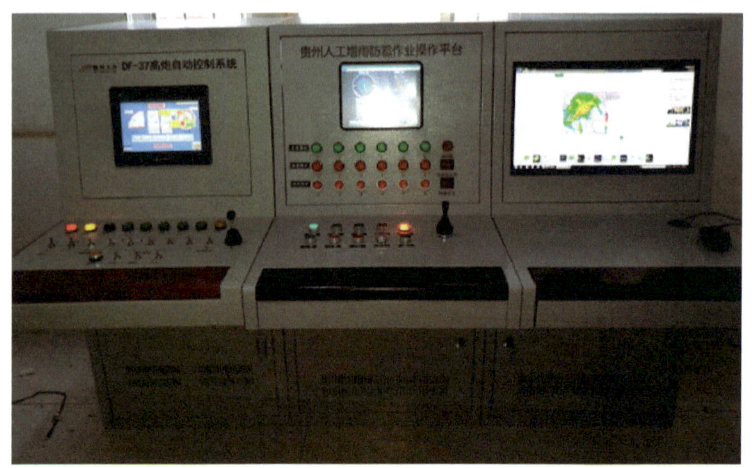

图 2.30　威宁县作业炮站自动化高炮、火箭室内操作控制台

2.2.4　“四保障”——构建保障制度，推动人工影响天气事业顺利发展

（1）法制保障

规章保障。2018 年 1 月 1 日，《贵州省人工影响天气条例》正式颁布实施（见图 2.31），标志着贵州省人工影响天气工作进入了规范化、制度化、法制化的新阶段。贵州省气象局下发通知，要求全省气象部门加强宣传和落实，推进贵州省人工影响天气事业健康、快速和可持续发展。目前，全省所有县（市、区、管委会）均将人工影响天气工作纳入地方绩效目标考核。

贵州人大
贵州省人民代表大会常务委员会

请输入关键字　搜索

市州人大：贵阳 | 遵义 | 六盘水 | 安顺 | 毕节 | 铜仁 | 黔东南 | 黔南 | 黔西南

首页　主任之窗　人大概览　常委会概览　重要发布　工作动态　立法工作　监督工作　代表工作　选举任免　地方法规

您当前的位置：首页 > 地方法规 > 省地方性法规

【时 效 性】有效
【颁布单位】贵州省人民代表大会常务委员会
【通过时间】2017-09-30
【实施时间】2018-01-01
【内容分类】
【文　　号】

贵州省人工影响天气条例

发布时间：2017年10月18日 16:04:10　阅读：1 次　打印本页　关闭　【字体：大 中 小】

贵州省人工影响天气条例

（2017年9月30日贵州省第十二届人民代表大会常务委员会第三十一次会议通过）

第一条　为加强对人工影响天气工作的管理，防御和减轻气象灾害，科学开发利用空中云水资源，促进生态文明建设，根据《中华人民共和国气象法》《人工影响天气管理条例》和有关法律、法规的规定，结合本省实际，制定本条例。

第二条　在本省行政区域内从事人工影响天气活动，应当遵守本条例。

图 2.31　《贵州省人工影响天气条例》发布

政策保障。2012 年，《贵州省人民政府办公厅关于进一步加强人工影响天气工作的实施意见》（黔府办发〔2012〕58 号）正式出台，明确提出到 2020 年贵州省人工影响天气工作的奋斗目标。2016 年，贵州省气象局和贵州省发改委联合印发《贵州省人工影响天气发展规划（2016—2020）》，明确“十三五”时期贵州省人工影响天气工作的主要任务和重点项目。

（2）组织保障

落实地方机构。2012 年，贵州省人民政府组织召开全省人工影响天气工作会议。会后，省、市（州）、县加快机构、编制、经费“三落实”。目前，全省 9 个市（州）、88 个县共落实人工影响天气机构 94 个、编制数 327 人，已入编 282 人，为人工影响天气事业发展提供了必要的人才队伍保障。

实现政府主导。威宁县委调整县人工增雨防雹指挥部部分成员，由县委领导任指挥长，县人大、县政府、县政协领导任副指挥长，县政府办公室、县财政局、县烟草公司、县气象局等单位的负责人为成员，指挥部下设办公室在县气象局，为进一步做好人工影响天气工作提供了坚实的组织保障。

（3）安全保障

开展联合督查。为全面贯彻落实党中央、国务院对安全生产工作的总体要求，贵州省气象局与贵州省安监局联合开展人工影响天气安全生产专项检查（见图 2.32），落实地方政府对人工影响天气安全的主体责任，推动全省各地建立完善“政府主导、部门协作、综合监管”的新型人工影响天气安全管理体制机制。

贵 州 省 气 象 局
贵州省安全生产监督管理局 文件

黔气发〔2018〕32 号

省气象局　省安全生产监督管理局
关于联合开展人工影响天气安全检查的通知

各市（自治州）气象局、安全监管局：

为贯彻党中央、国务院对安全生产工作的总体要求，落实省委、省政府和中国气象局对安全生产工作的具体部署，切实强化人工影响天气业务安全监管工作，确保人工影响天气作业安全，省气象局、省安全监管局决定联合开展人工影响天气安全检查，现将有关要求通知如下。

一、检查目的

通过检查促进全省人工影响天气安全监管能力和水平不断提升，推动各地建立完善“政府主导、部门协作、综合监管”的新型人工影响天气安全管理体制机制。

二、检查内容

— 1 —

（一）人工影响天气安全责任落实情况

各市州人工影响天气安全责任制落实情况；各级人工影响天气领导小组办公室与下级地方政府人工影响天气安全责任书签订情况；安全生产的领导、组织、协调、督查责任落实情况。

（二）人工影响天气作业站点安全生产工作开展情况

1. 重点检查人工影响天气作业站点标准化建设情况，弹药运输和储存规范化管理情况，作业人员队伍建设、培训情况。

2. 各地是否按照国家有关法律、法规规定为人工影响天气作业人员办理社会保险及购买人身意外伤害保险。

3. 人工影响天气作业装备（高炮、火箭发射装置）是否处于良好状态，是否定期按有关要求进行维护保养。

三、检查方式及时间安排

此次检查工作采取全面检查、随机抽查相结合的方式。

（一）各市州气象局、安全监管局组织对所辖区域内开展人工影响天气工作的县（市、区、特区）对照检查内容开展全面检查，并于2018年6月30日前将自查报告报省气象局、省安全监管局。

（二）省气象局、省安全监管局联合组成检查组，在7月上旬前抽查1－2个市州，每个市州抽查两个县（市、区、特区），每个县（市、区、特区）抽查2个作业站点，并将检查情况进行通报。

贵州省气象局　　贵州省安全生产监督管理局
2018 年 6 月 8 日

贵州省气象局办公室　　2018 年 6 月 8 日印发

— 2 —

图 2.32　气象局、安监局联合行文组织开展人工影响天气安全检查

落实安全责任。牢固树立“安全是人工影响天气工作生命线”的“红线意识”，落实人工影响天气安全责任制，出现责任性安全事故实行“一票否决”，贵州省人工影响天气办公室（简称“人影办”）与市（州）气象局、市（州）气象局与县级气象局、县级气象局与炮站所在乡镇政府层层签订安全责任书，签订率达 100%（见图 2.33）。

2018 年贵州省人工影响天气工作

安　全　责　任　书

为加强人工影响天气安全管理工作，保障人民生命财产和社会公共安全，根据有关法律法规及中国气象局和省气象局相关要求，结合我省人工影响天气工作实际，特签订本责任书。

1、认真贯彻执行《中华人民共和国气象法》、《中华人民共和国安全生产法》、《人工影响天气管理条例》、《贵州省安全生产条例》、《贵州省人工影响天气条例》，坚持从严强化科学管理，坚持从实提高工作效益。

2、落实安全生产责任制。省人工影响天气办公室负责全省人影工作安全监督管理。

市（州）、县（市、区）气象局主要负责人是人影安全第一责任人，县（市、区）气象局是人影安全的责任主体。严格执行《贵州省人工影响天气管理办法》、《人工影响天气安全管理规定》、《贵州省人工影响天气安全管理考核实施细则》。逐级落实安全责任制，市（州）气象局与县（市、区）气象局、县（市、区）气象局与乡（镇）政府、作业炮站层层签订安全责任书。

3、严格制度执行。严格执行《贵州省人工影响天气专用炮弹火箭管理规定》、《贵州省人工影响天气弹药购销及管理流程》、《贵州省人工影响天气作业前公告制度》、《人工影响天气工作安全管理周零报告制度》。

4、做好装备、弹药存储运输。按要求办理弹药运输相关手续，由具备民爆物品运输资质的企业规范运输弹药；非作业季节必须集中存放人影弹药；严格双人双锁制度，有弹药柜的必须使用弹药柜储存弹药，严禁使用过期弹药；加强装备的维护保养，严禁使用年检不合格的作业工具；严格执行弹药使用及库存情况旬报制；必须将弹药、装备、人员等信息录入业务管理系统。

5、严格开展安全检查，严肃整改措施落实。开展不少于1次的人影安全专项检查，市（州）完成本辖区70%以上炮站的安全检查工作，县级完成本辖区100%炮站的安全检查工作，安全检查必须有详细记录、档案，按时完成安全整改，逐级上报检查及整改情况总结。

6、加强人员选拔及培训工作。作业人员的选拔应按照有关规定进行，严格按照《贵州省人工影响天气作业人员培训考核规定》进行上岗前培训，培训率达100%。作业人员必须购买人身意外伤害保险，保险额度不低于100万元。

7、开展人工影响天气作业必须执行《贵州省人工影响天气作业炮站安全十不准》。

8、认真贯彻落实《贵州省人工影响天气条例》，推进人影安全装备现代化建设。

9、推进安全基础设施建设，各市（州）作业炮站标准化建设达100%；各市（州）作业炮站独立弹药室达100%、人工影响天气作业用弹药保险柜达60%以上。

10、严格执行空域申报程序和管理规定，没有空域管理部门批准的作业时间，严禁开展作业；各市州务必按照规范信息格式核准作业站点信息，同时加强新增变更作业点坐标申报管理工作。

本责任书一式两份，省人工影响天气办公室、市（州）气象局各一份。

贵州省人工影响天气办公室

代表：

2018 年 3 月 8 日

毕节 市（州）气象局

代表：

2018 年 3 月 8 日

图 2.33　人工影响天气工作安全责任书

强化日常管理。长期坚持省气象局领导及人影办相关人员定期或不定期到炮站进行检查指导，加强对安全隐患的排查整改，落实各项安全防范责任和措施，并规范作业装备的试用、采购、调配、报废等工作，推进年检、维修、维护、保养一体化。多年来，尽管威宁县作业规模大、作业用弹多，但从未发生一例责任性安全事故，切实保证了人工影响天气作业的安全、高效。

（4）人才队伍保障

指挥人员队伍。威宁县气象局高度重视指挥人员队伍建设，专门设立人工影响天气作业指挥室，分管副局长亲自把关，并由具备大气科学专业背景的本科生和具备 10 年以上人工影响天气工作经验的技术人员担任值班，不断积累实践经验，提升作业指挥人员综合素质，在人工防雹中有的放矢，杜绝盲目作业。

作业人员队伍。威宁县一直坚持聘用业务素质较高的人员在炮站承担人工影响天气作业。目前，全县共有作业人员 154 名，其中 30 余人具备 20 年以上人工影响天气工作经验。威宁县气象局每年联合县人民武装部对作业人员进行严格培训，打造政治合格、军事过硬、纪律严明、保障有力的作业人员队伍（见图 2.34、图 2.35）。

图 2.34　2017 年贵州省人工影响天气高炮协同操作竞赛现场

图 2.35　威宁县组织人工影响天气作业人员培训

第3章　人工影响天气“威宁模式”取得的效益

经过几十年的发展，贵州省人工影响天气工作已进入“良性循环、快速发展”的阶段，部分领域在国内处于领先地位，逐步形成组织工作体系健全、技术优势明显、基础设施完备、作业装备齐全、人才队伍结构完整的事业发展格局。威宁就是贵州省基层人工影响天气工作的突出代表。

3.1　服务效益显著提升

贵州省防雹作业保护面积达 5.3 万平方千米，年均增加降水 25 亿立方米，国家级贫困县、生态文明建设示范县和重点水库 100% 纳入人工影响天气作业范围，作业炮站保护省级现代高效农业园区 268 个（占总数的 68%）（见图 3.1、图 3.2）。

贵州省是全国石漠化面积最大、等级最齐、程度最深且危害最重的省份。2017 年贵州 99.9% 的石漠化生态脆弱区植被生态质量正常偏好，偏好区域主要位于贵州西部和北部地区；受城市建设等因素的影响，贵州中部局部石漠化地区植被生态质量相对偏差（2017 年贵州石漠化区植被生态质量空间分布见图 3.3）。2017 年贵州石漠化生态脆弱区植被生态质量达

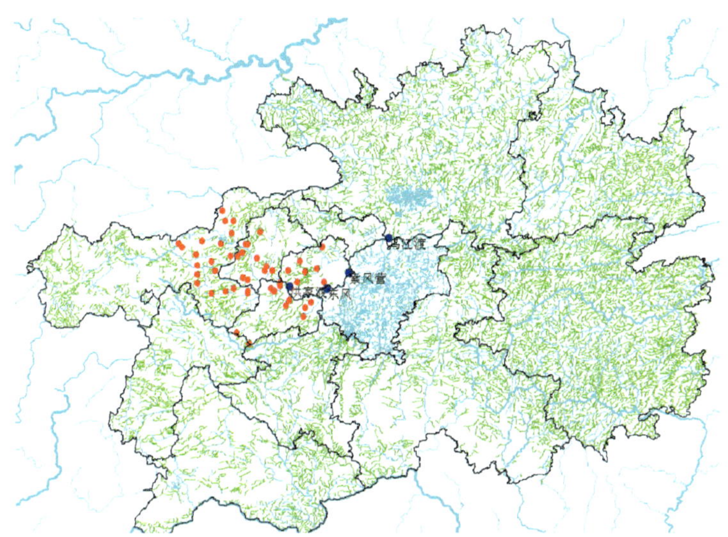

图 3.1　乌江上游流域作业布局图

证明材料

乌江流域梯级发电是我国西电东送的重要项目，为了增加乌江流域的蓄水量，2012 年，贵州省人工影响天气办公室与贵州乌江水电开发有限责任公司合作，制定“乌江流域梯级水电开发人工增雨作业服务方案”，当年开展人工增雨立体作业 389 次，为常态化增雨作业服务奠定了良好的基础。

2016 年，按照省政府批复的全省人工影响天气工作计划，贵州省人工影响天气办公室在乌江流域 7 个市州，29 个县布设高炮 209 门，火箭 78 具，飞机 1 架，开展人工增雨立体作业 1034 次，有效增加了乌江流域水库集水区的降雨量，取得显著的经济效益。

特此证明！

2016 年 12 月 30 日

（a）

证明材料

贵州省是全国优质烤烟主要产地之一，近年来烤烟产量维持在 550 万担左右，是全国第二大烤烟生产省。冰雹、干旱对烟叶生产的危害极大，为把冰雹、干旱对烟草的危害减低到最小程度，贵州省人工影响天气办公室专门制定“贵州省现代烟草农业示范基地人工影响天气服务方案”。目前，9 个市、州，58 个县布设了 326 门高炮，135 具火箭，其中威宁实现了全覆盖，布设了 30 门高炮，15 具火箭；该县 2016 年利用地面高炮、火箭开展防雹作业，并联合飞机开展人工增雨立体作业，在高炮火箭保护区内，防雹有效率不断提高，现达 85%以上，比非保护区减少损失高 90%以上，也最大程度减轻干旱造成的损失，为企业增效、农民增收提供了有力支撑，还被称作烟草生产的“保护伞”，效益明显。

特此证明！

贵州省公司烟叶管理处

2016 年 12 月 30 日

（b）

图 3.2　乌江流域增雨效益证明（a）及贵州现代化烟草农业人影服务效益证明（b）

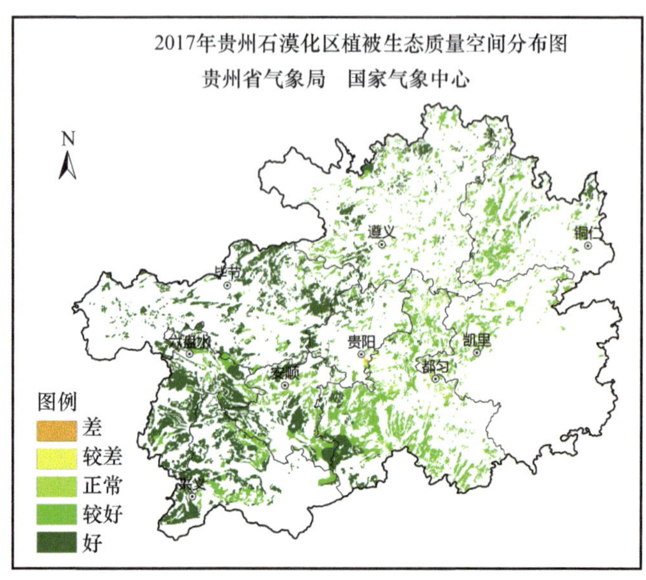

图 3.3　2017 年贵州石漠化区植被生态质量空间分布图

2000 年来最好水平（见图 3.4）。2000—2017 年贵州 99.9% 的石漠化区植被覆盖度呈增加趋势，97.1% 的石漠化区植被净初级生产力呈增加趋势（见图 3.5）。其中，贵州西部地区石漠化生态脆弱区植被覆盖度和净初级生产力增加相对明显。

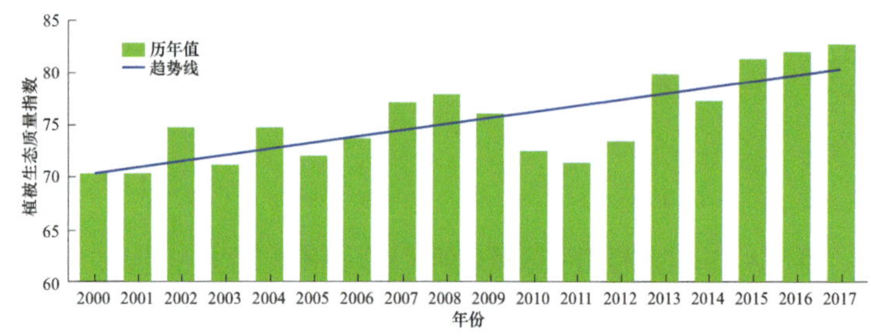

图 3.4　2000—2017 年贵州植被生态质量指数统计图

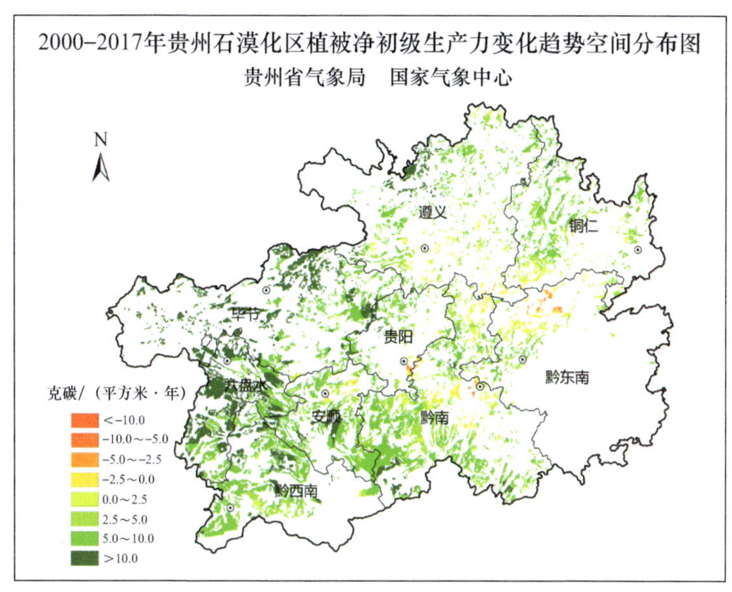

图 3.5　2000—2017 年贵州石漠化区植被净初级生产力变化趋势空间分布图

党的十八大以来，贵州省人工影响天气部门聚焦脱贫攻坚服务需求，按照省委、省人民政府的工作部署，全面实施人工影响天气大扶贫战略行动，着力提升人工影响天气作业能力和服务效益，根据农业产业优化作业点布局，如图 3.6 至图 3.8 所示。

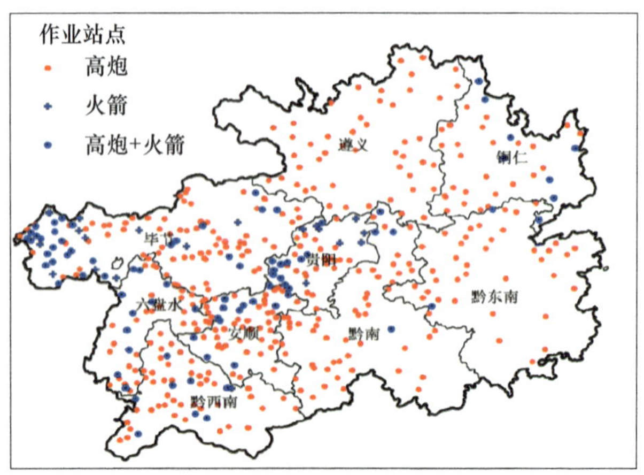

图 3.6　贵州省作业炮站分布图

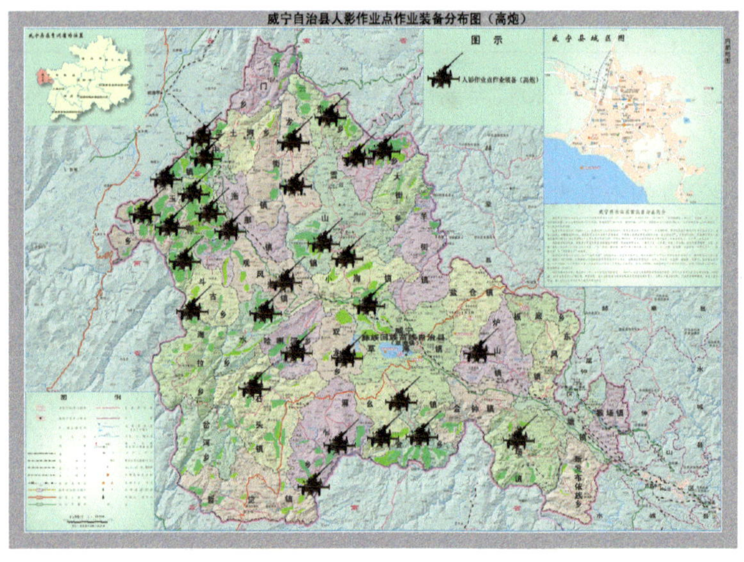

图 3.7　威宁县布设在烟区及冰雹易发、多发区的高炮作业点

图 3.8　威宁县布设在烟区及冰雹易发、多发区的火箭作业点

威宁县冰雹天气多，防雹作业点多面广，作业用弹消耗巨大，平均每年达 18000 发以上，有的年份达到 25000 余发，增雨火箭弹 100 余发，占贵州全省四分之一，37 个作业炮站保护粮烟面积达 300 万亩，极大地缓解和减轻了干旱和冰雹灾害给威宁县农业造成的损失，取得了显著的经济、社会和生态效益。如图 3.9 所示。

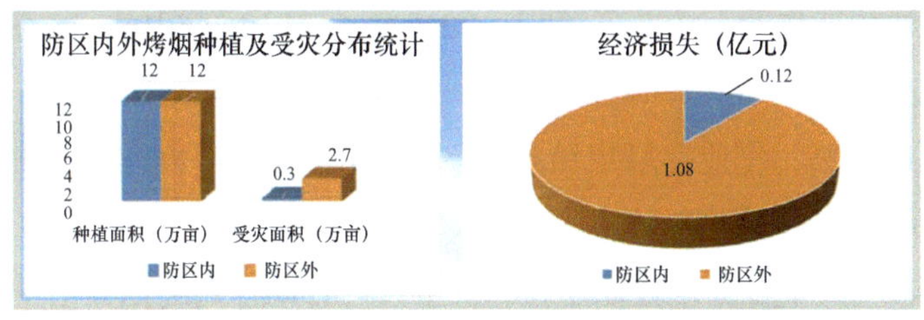

图 3.9　2016 年威宁县防区内外防雹效益统计

威宁县曾是国家级贫困县，烤烟、苹果是威宁县老百姓的主要经济来源，也是财政的主要支柱产业，因此，老百姓有个说法，有炮的地方冰雹灾害轻，无炮的地方年年有冰雹，所以，老百姓只在设炮的地方种烟，不设炮的地方坚决不种，将人工影响天气视作“保护伞”“定心丸”。图 3.10 为烟农感谢防雹人员并展示丰收成果。

(a)

(b)

图 3.10　齐伯烟叶站村民向防雹工作人员赠送锦旗（a），展示丰收的烟叶 (b)

3.2　业务体制更加完善

构建了“省级科学指导、市级滚动预警、县级实时指挥、炮站精准作业”的业务流程。2018 年与 2010 年相比，冰雹监测预警准确率从 50% 提高到 68%，防雹作业有效率从 82% 提升到 91%，作业空域申请批复率从 80% 提高到 88%。贵州在全国业务评比中两次获得优秀，2018 年贵州在中国气象局人工影响天气业务现代化建设和安全管理行动计划终期评估中获得“双优”。中国气象局领导批示肯定贵州人工影响天气工作

（见图3.11），中国气象局减灾司下文全国推广贵州基层人工影响天气“威宁模式”工作经验（见图3.12）。

附件1

中国气象局领导批示抄清

刘雅鸣局长：拟同意，要高度重视人工影响天气关键技术的攻关，加强人工影响天气工作标准化建设。

注：4月27日在《减灾司关于进一步加强人工影响天气工作举措的请示》上的批示。

余勇副局长：贵州、重庆的经验值得好好总结、宣传和推广，供各地借鉴。报告中所提的建议很好，请减灾司主动与相关职能司对接推进，进一步加强对基层人工影响天气工作的指导和服务。当前尤其要特别关注各地机构改革可能对人工影响天气工作带来的影响，这一问题可能有普遍性和紧迫性，请减灾司主动配合人事司抓紧开展相关工作。另外，请减灾司继续抓好全国各地人工影响天气作业的监管工作，确保安全、科学、高效作业；按刘局长批示要求，扎实谋划并推进新时期人工影响天气改革发展工作。

注：5月3日在《减灾司关于赴重庆贵州调研人工影响天气工作的情况报告》上的批示。

图3.11　中国气象局领导批示肯定贵州人影工作

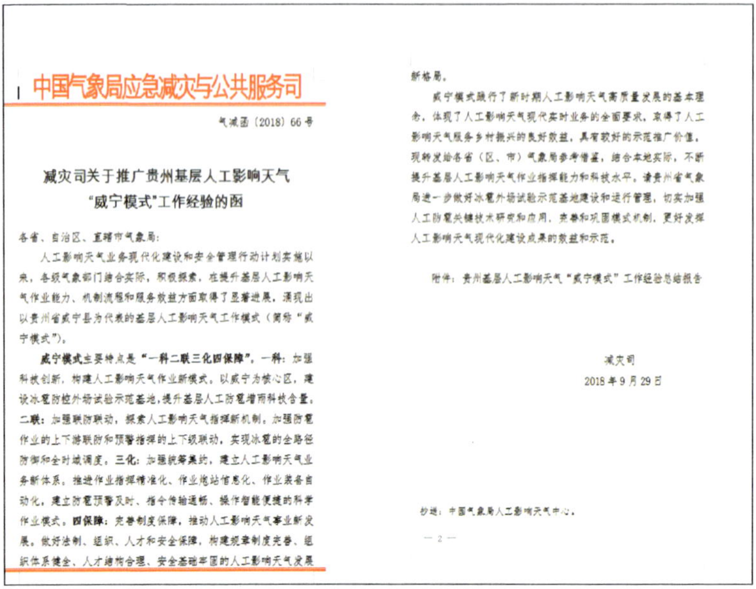

中国气象局应急减灾与公共服务司

气减函〔2018〕66号

减灾司关于推广贵州基层人工影响天气“威宁模式”工作经验的函

各省、自治区、直辖市气象局：

人工影响天气业务现代化建设和安全管理行动计划实施以来，各级气象部门结合实际，积极探索，在提升基层人工影响天气作业能力、机制流程和服务效益方面取得了显著进展，涌现出以贵州省威宁县为代表的基层人工影响天气工作模式（简称“威宁模式”）。

威宁模式主要特点是**“一科二联三化四保障”**。**一科**：加强科技创新，构建人工影响天气作业新模式。以威宁为核心区，建设冰雹防控外场试验示范基地，提升基层人工防雹增雨科技含量。**二联**：加强联防联动，探索人工影响天气指挥新机制。加强防雹作业的上下游联防和预警指挥的上下级联动，实现冰雹的全路径防御和全时域调度。**三化**：加强统筹集约，建立人工影响天气业务新体系。推进作业指挥精准化、作业炮站信息化、作业装备自动化，建立防雹预警及时、指令传输通畅、操作智能便捷的科学作业模式。**四保障**：完善制度保障，推动人工影响天气事业新发展。做好法制、组织、人才和安全保障，构建规章制度完善、组织体系健全、人才结构合理、安全基础牢固的人工影响天气发展新格局。

威宁模式践行了新时期人工影响天气高质量发展的基本理念，体现了人工影响天气现代实时业务的全面要求，取得了人工影响天气服务乡村振兴的良好效益，具有较好的示范推广价值。现转发给各省（区、市）气象局参考借鉴，结合本地实际，不断提升基层人工影响天气作业指挥能力和科技水平。请贵州省气象局进一步做好冰雹外场试验示范基地建设和运行管理，切实加强人工防雹关键技术研究和应用，完善和巩固模式机制，更好发挥人工影响天气现代化建设成果的效益和示范。

附件：贵州基层人工影响天气“威宁模式”工作经验总结报告

减灾司

2018年9月29日

抄送：中国气象局人工影响天气中心。

— 2 —

图 3.12　中国气象局减灾司下文全国推广贵州基层人工影响天气“威宁模式”工作经验

参考文献

威宁自治县人民政府办公室，2011. 威宁彝族回族苗族自治县气象灾害防御规划 [R].

中国气象局，2013. 人工影响天气作业点防雷技术规范：QX/T 226—2013 [S]. 北京：气象出版社 .

邹书平，2017. 贵州冰雹云雷达回波图集（2006—2015 年）[M]. 北京：气象出版社 .

附录　贵州省人工影响天气发展规划（2016—2020 年）（节选）

三、指导思想、总体目标、基本原则

（一）指导思想

以党的十八大和十八届三中、四中、五中、六中全会精神为统领，贯彻落实《国务院办公厅关于进一步加强人工影响天气工作的意见》（国办发〔2012〕44 号）和《省人民政府办公厅关于进一步加强人工影响天气工作的实施意见》（黔府办发〔2012〕58 号），聚焦我省扶贫开发与生态文明建设需求，全面做好现代山地特色高效农业和全域旅游人影专项服务，坚持“加快转型、强化管理、夯实基础、科技引领、提升能力”的工作思路，努力将人工影响天气打造成“防灾减灾，气象先行”的重要载体和平台，平衡发展与安全的关系，坚持安全是发展的前提，实现人影发展的“信息化、集约化、标准化、科学化、高效益”。

（二）总体目标

建成机构健全、管理科学、指挥有力、队伍精干的人工影响天气工作体系，建立布局合理、功能完善、装备精良、技术先进的人工影响天气作业体系，人工增雨、防雹应用技术研发应用取得重要成果，综合保障能力显著提升，协调指挥和科学作业水平得到增强，防灾减灾和服务经济社会发展的效益显著提高，贵州省人工影响天气工作进入全国先进行列。

省级现代高效农业示范园区、生态建设和石漠化治理重点区、重点水库集流区所在乡镇及国家级贫困县所辖乡镇人工影响天气标准化安全作业设施覆盖率达100%，人工影响天气标准化、信息化作业点达标率达100%；防雹作业保护面积增加到5.5万平方公里，增雨作业覆盖面积增加到12万平方公里，人工增雨作业年均增加降水25亿吨，人工防雹作业有效率达85%。

（三）基本原则

需求引领，科技驱动。紧密围绕我省扶贫开发、生态文明建设、粮食生产安全和社会经济发展需求，加快建设适宜贵州需求、满足区域需要，以防灾减灾为根本出发点的人工影响天气事业。围绕山地气候特点，加强山地防雹增雨基础科学研究和关键技术研发，加强科技创新，提高作业水平和服务效益。

统筹发展，区域联动。坚持国家发展、区域发展与贵州需求一致性原则，明确贵州人工影响天气在国家、西南区域的区位特点和地域优势，建成规模适当、布局合理、功能完善的人工影响天气格局。建立健全以行政区域为基础、有关资源共享、区域联动、统分结合、区域人工影响天气联动发展机制。

整体设计，分步推进。统筹兼顾全省各地云水资源开发、防灾减灾、扶贫开发、生态建设、粮食安全等领域对人工影响天气服务的需求，整体设计发展规划，按照需求和建设任务统一、分步逐级实施的原则，循序渐进、重点突出，效益先导、务求实效推进规划实施。在发展中，既重视基础设施、技术装备条件的建设，更要重视提高业务能力与科技水平的建设，既注重体制机制建设、又重视人才队伍建设。

分工协作，科学规范。依照法律法规，完善政府领导、部门协作、社会参与的人工影响天气工作机制，明确气象、农业、水利、环境、生态、公安、民航等部门和军队的职责分工。健全协作和管理制度，规范业务技术流程，保障人工影响天气工作的科学、安全、高效、有序发展。

四、总体布局

根据我省社会经济发展的服务需求，对灾害防御、生态、扶贫、水电等重点领域进行人工影响天气作业保障，共划分 5 个重点保障区，在此基础上，对空中作业飞机、地面作业高炮、火箭、作业站点进行优化布局，并建设冰雹防控和增雨试验示范基地。

（一）重点领域作业保障区布局

1. 全省现代高效农业示范园区重点作业区

根据全省现代高效农业示范园区建设布局，面向园区的作物的不同品种的服务需求，进一步优化作业布局、提高服务水平，最大程度创造社会效益、经济效益和生态效益。该重点作业区将覆盖全省所有省级现代高效农业示范园区所在乡镇，如图 1（略）所示。

2. 长江、珠江上游生态保护、增雨增湿森林灭火重点作业区

根据长江、珠江上游生态保护屏障建设和植树造林、退耕还林工程、石漠化治理等重点工程项目的需要，开展生态环境保护人工增雨作业，增加林区湿度、降低火险等级、保护生态环境。该重点作业区主要覆盖长江、珠江上游生态保护和森林防火重点区域，如图 2 所示。

3. 黔中水利枢纽、城市饮用水安全保障重点作业区

根据贵州中部重点水利工程建设的需要，在主要水库径流区增设人工增雨作业点，加大流动火箭作业力量，开展以增加水库蓄水为主要目的的人工增雨作业。该重点作业区主要保障关系城市经济和生活用水的黔中水利枢纽工程和百花湖、红枫湖等骨干水源流域，如图 3 所示。

4. 乌江流域水库增雨重点作业区

根据乌江流域水力发电需求，选择大型水库作为人工增雨水库增蓄的突破点，制定跨区域联动增雨作业实施方案，以点带面，自上而下，形成规模效益，进而更好地开发空中水资源，改善水库集流区生态条件。该重点作业区主要覆盖乌江流域各重点水库集水区，如图 4 所示。

5. 威宁草海生态综合治理保护重点作业区

按照《贵州草海高原喀斯特湖泊生态环境保护与综合治理规划》，在威宁草海周边适当位置建设人工影响天气作业站点，配备新型作业工具，扩大作业覆盖面积，提高草海生态综合治理人工增雨防雹作业效益。该重点作业区将覆盖威宁草海

上游集水区所在乡镇，如图 5 所示。

（二）作业装备及作业站点优化布局

1. 飞机作业布局

（1）布局原则

按 5 个重点作业区作业需求和适合作业天气系统的覆盖范围，根据不同类型飞机的作业能力和探测能力，结合现有作业飞机的布局情况，考虑各地季节性作业需求进行的飞机合理调度，统筹测算飞机的建设规模，设计作业飞机的建设布局。

（2）作业范围

根据适合作业天气系统的作业面积，结合增雨作业保障需求，按各类飞机的作业覆盖能力（最大作业面积），进行飞机建设规模的综合测算，“十三五”期间我省租用 1 ～ 2 架高性能飞机开展增雨作业，飞机作业覆盖面积达 12 万平方公里。

2. 高炮、火箭作业布局

（1）布局原则

“十三五”期间，全省人工影响天气地面作业在总体规模基本保持稳定的情况下，重点进行人工增雨防雹作业的布局优化与调整，坚持提高装备性能、强化作业能力的原则，结合重点作业区及外场试验示范基地的实际需求，全省统一整体规划，切实提升人工影响天气地面作业的科技水平、安全性能和作业效益。

（2）装备规模

“十三五”期间，全省高炮、火箭固定作业站点稳定在 500 个左右，流动火箭作业站点增加到 400 个，固定式新型自动化火箭替代37高炮400套，现有流动火箭升级为流动式新型自动化火箭120套，完成现有37高炮自动化改造100门，基本实现现代高效农业示范园区、重点水库及江河流域、生态保护与修复重点区作业设施全覆盖。按照火箭作业面积200平方公里、37高炮作业面积60平方公里计算，全省地面作业保护面积将达到5.5万平方公里。

（三）冰雹防控和增雨试验示范基地布局

1. 布局原则

围绕冰雹频发区域、严重干旱区域、生态保护区域的服务需求，结合我省主要冰雹源地及移动路径分布特点，建设防雹增雨试验示范基地。所选区域与国家级和区域级的增雨防雹试验示范基地规划相衔接，且相应人影机构具备相对完善的人工影响天气工作体系。

2. 建设内容

（1）冰雹防控试验示范基地布局

以威宁、清镇为重点，全面探索冰雹防控研究成果在外场实践中的集成检验，构建具有贵州特色的"科学布局、重点防控、联动联防"的冰雹防控作业体系，打造配置合理、建设有序、运行稳定、共享有效的冰雹防控关键技术外场试验基地和科学实验平台，为国内外深入开展冰雹防控科学试验提供基础支撑服务。

（2）人工增雨试验示范基地布局

以黔东北为重点，小一型水库灌溉区、重点生态保护区、现代高效农业示范园区、原始生态保护区、现代烟草农业主产区为重点，优化站点布局，建设规范化、标准化、信息化作业炮站，实施有计划、分层次的联动抗旱增雨作业，构建机动和固定相结合、空中和地面相配合、市县协同作业的新型人工增雨模式。

五、主要任务

（一）聚焦扶贫及生态建设，提升人影服务保障能力

紧扣贵州经济社会发展需求，全面做好人工防雹增雨和重大活动保障工作，深入推进更具有针对性的专业专项服务，优化作业布局，增加作业装备，补充机动力量，建立高炮、火箭、飞机相配合的立体式人工影响天气作业体系，提升空地结合、点面结合、动静结合的人工影响天气作业能力，提高为水利电力服务的整体效益。为精准扶贫开发、现代高效农业示范园区、草海生态环境保护与综合治理提供优质的人工影响天气服务。重点作业区所在乡镇作业设施覆盖率达到 80%，防雹保护面积达 5.5 万平方公里，防雹有效率达 85% 以上，年平均增加降水 25 亿吨。

（二）围绕人影现代化建设，提高人影业务技术能力

加快推进作业工具升级，全面推行火箭替代高炮，省、市州租赁民用爆破物品企业仓库作为人工影响天气作业弹药专用储备库，购买专业化服务满足省、市、县、炮站四级人工影响天气作业弹药的运输需求。租赁空中增雨作业高性能飞机，实

现规模化、常态化、跨区联合作业，与临近省区协作，购置机载探测设备，改装高性能作业飞机。积极推进人工影响天气标准化、信息化炮站建设，实现全省作业炮站光纤、监控、终端 100% 覆盖，新型火箭替代率达 80%，省、市、县三级规范化弹药储运达 100%。

（三）建设国家级冰雹防控中心，提升人影科技支撑能力

建成冰雹防控试验示范基地，与国内科研院所开展合作，通过业务指导、技术支持、项目合作、人才交流等多种方式，积极推动冰雹防控技术发展和人才培养，形成技术、效益、人才良性循环的运行机制。建设国家级冰雹防控中心，发展规范、科学的作业效果检验方法，建成省级增雨、防雹作业效果检验业务系统，开展增雨防雹作业效果检验业务；山区人工防雹、增雨作业技术的研发、集成与业务化应用取得突破，冰雹防控科技支撑能力达国内领先水平，人影科技贡献率达 60%。

（四）完善人影工作机制，增强人影发展保障能力

完善政府主导、多部门协作、专兼结合的人工影响天气工作机制，健全国土、环保、农业、水利、林业、烟草、能源、电力、旅游等部门与气象部门的合作机制，强化气象与公安、安监、军队、民航等多部门协调配合的保障机制，形成推动人工影响天气工作发展的合力。将人工影响天气工作纳入当地经济社会发展规划，适时审定年度工作计划，制定实施方案，推进规划项目实施。完善以地方各级政府财政投入为主、中央人

工影响天气专项财政转移支付补助为辅的财政保障机制，鼓励社会资金参与，推动建立主要受益行业投入机制，逐步实现人影投入稳定增长。

（五）围绕四支人才队伍，建设人影发展人才体系

围绕经济社会发展对人影服务的需求和人影现代化建设的需要，着力建设综合管理、业务技术、维修保障、基层作业四支人才队伍，切实落实市、县人工影响天气机构及编制。完善科研与业务有机统一、协同发展的运行机制，建立以冰雹防控外场试验示范基地为核心的科技创新支撑平台，健全科技评价和考核体系，完善支持和激励政策，着力提高作业人员待遇，完善医疗、养老等基本保障，稳定基层作业队伍。完善人才培养使用、考核评价和激励保障措施，推进业务培训与四支人影人才队伍建设融合发展，四支人才队伍建设完备度达 80%。

六、重点工程

（一）现代高效农业示范园区人影服务能力提升工程

重点针对我省现代高效农业示范园区的人影服务需求，优化作业炮站布局，完善标准化作业炮站基础设施建设，加快作业装备自动化、作业炮站信息化等基础设施建设，实现现代高效农业示范园区所在乡镇人工影响天气标准化安全作业设施覆盖率达 100%，人工影响天气标准化、信息化作业点达标率达 100%，提高现代高效农业示范园区的人工影响天气防雹增雨作业能力。

（二）空中水资源开发利用飞机作业能力提升工程

通过实施高性能飞机作业能力提升工程，租用 1 架续航能力强、作业升限高、巡航时间长、飞机载重大、抗结冰能力强的作业飞机，形成常年 1 架、干旱期间 2 架的飞机作业新格局，满足全省范围开展飞机人工增雨作业的需求，对增雨飞机进行统一改装，加载机载云粒子探测设备、空中催化播撒装置和空地通信传输系统，提升作业云系空中动态监测能力和空中云水资源开发能力。

专栏 1　现代高效农业示范园区人影服务能力提升工程

完善作业炮站基础设施。完善作业炮站建设 200 个；优化布局新建作业炮站 40 个。

推进作业装备自动化。新增新型自动化防雹增雨火箭系统 400 套替代作业高炮；37 高炮（双管）升级为自动化高炮系统 200 门；作业炮站配备人影弹药存储柜达 100%。

作业炮站信息化建设。新增炮站实景监控系统 200 套。

专栏 2　空中水资源开发利用飞机作业能力提升工程

租赁高性能作业飞机。租赁通用航空公司飞机并进行改装，集成机载设备系统。

机载大气探测系统。配备云和降水粒子探测设备、大气环境参数探测设备和气溶胶粒子探测设备。

机载催化作业系统。配备烟条播撒设备和液氮播撒设备。

飞机空地通信系统。配备北斗短报文通信设备和海事卫星通信设备。

（三）冰雹防控外场试验示范基地（国家级冰雹防控工程技术研究中心）建设工程

建设冰雹防控作业外场示范基地、冰雹云外场观测基地和人工防雹实验分析平台，搭建合作交流与科技成果转化平台，建立柔性人才引进机制，广泛吸引国内冰雹防控人才，开展冰雹防控工程技术研究和应用。在人工影响天气关键技术领域重点开展科学研究和业务试验，完善防雹增雨监测预警技术，建设人工影响天气作业效果评估系统、人工影响天气大数据信息存储处理系统。

专栏 3　冰雹防控外场试验示范基地建设工程

试验示范基础设施建设。建设冰雹防控外场基地的综合观测场和业务用房，保障相关工作实施的基础条件。

冰雹外场观测系统建设。增加布设微波辐射计和风廓线雷达，组织开展有计划、有针对的冰雹外场观测试验。

冰雹实验分析平台建设。引进先进的冰雹实验分析设备，开展冰雹采样分析和科学研究工作。

（四）人工影响天气安全发展能力提升工程

按照现代化人工影响天气功能，深化标准化炮站建设内涵，制定信息化作业炮站地方标准，全面推进作业炮站现代化工程建设。构建新型自动化化箭作业装备为主，高性能自动化高炮为辅的增雨防雹地面作业系统。加强省、市、县、炮站四级弹药储备管理，通过购买专业化服务，由具备民用爆破物品运输资质的企业负责省、市、县、炮站四级人工影响天气作业弹药的储存和运输。

（五）人工影响天气作业指挥能力提升工程

建设时空密度适宜、业务布局合理的人工影响天气综合监测网，全面推进省、市、县业务平台升级和作业炮站信息化建设，升级省—市州—县—炮站四级人工影响天气业务集成系统，构建统一协调、分级指挥、空地配合、上下联动的业务运行机制及流程，形成具有贵州特色的统一部署、流程规范、指挥科学、运行高效的业务技术体系，显著提高全省人工影响天气业务能力、工作效率和服务水平。

专栏4 人工影响天气安全发展能力提升工程

完善基础设施建设。省、市州租赁民爆公司弹药库，县级以炮站为基础建设弹药临时库。

推进安全信息管理。引进物联网技术，构建弹药、装备的智能化、信息化、管理系统。

构建弹药储运体系。委托有资质的机构开展作业装备检测维修，购买专业化弹药运输服务。

专栏5 人工影响天气作业指挥能力提升工程

完善作业观测系统。建立“大雷达预警、小雷达指挥”的人工影响天气作业预警指挥机制，并实现全省局地预警雷达的资料实时组网共享。选择人工增雨作业较多的炮站安装激光雨滴谱仪，实现对降水微观数据的地面自动采集和资料实时组网共享，并通过对降水的粒子谱特征变化分析，客观评估人工增雨作业效果。

专栏 5　人工影响天气作业指挥能力提升工程

建设人影业务系统。在全省有建制的县局建设县级人工影响天气作业指挥系统，实现业务值班、视频会商、空域申报、作业指挥等功能。加快推进信息化炮站建设，作业炮站全部配备弹药管理扫描设备、专用计算机和网络设备。

附图

图 2　长江、珠江上游生态保护、增雨增湿森林灭火重点作业区规划示意图

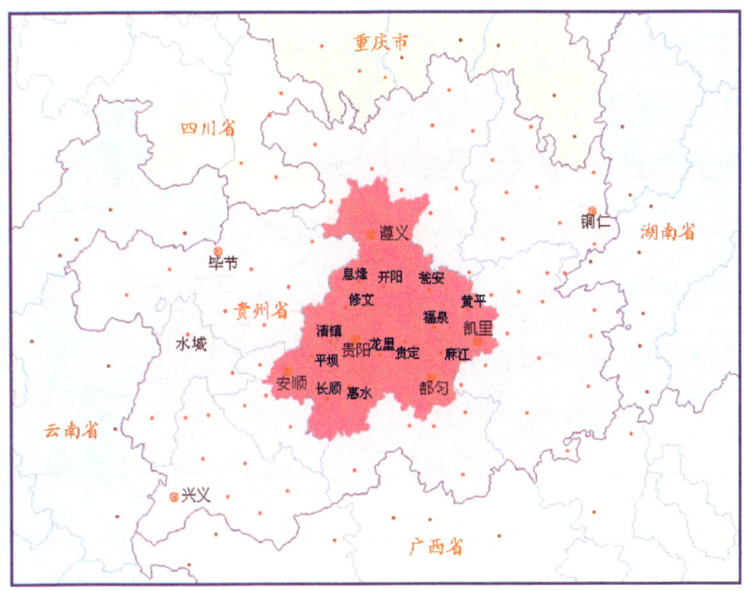

图3　黔中水利枢纽、城市饮用水安全保障重点作业区规划示意图

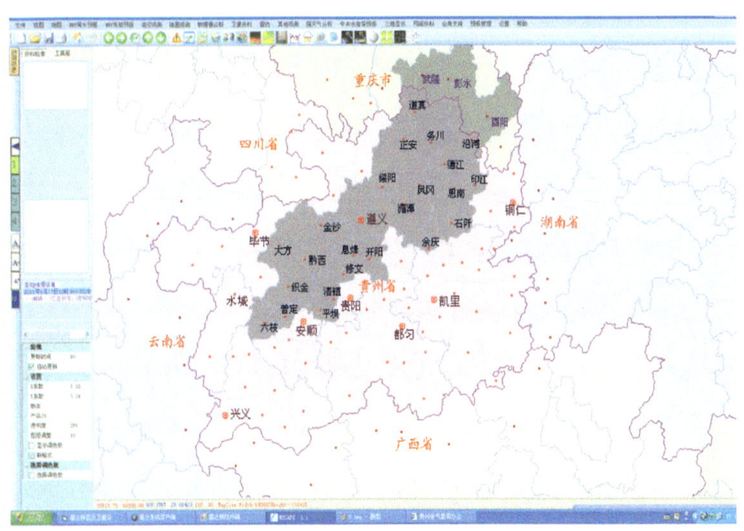

图4　乌江流域水库增雨重点作业区规划示意图

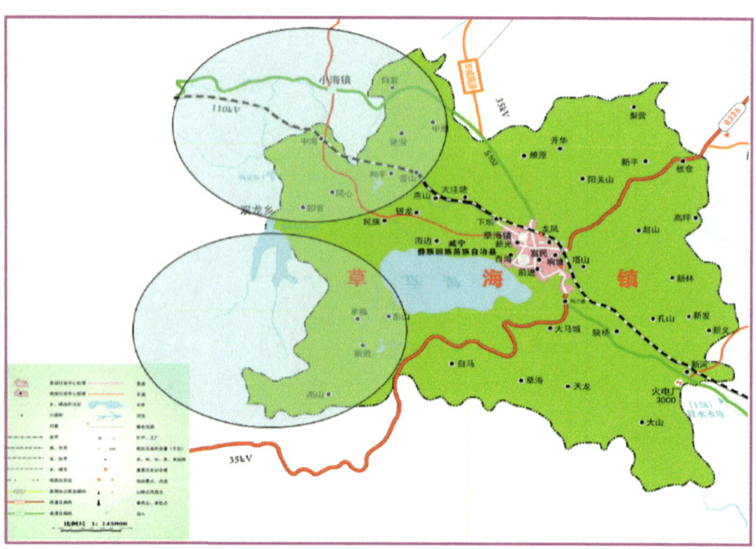

图 5　威宁草海生态综合治理保护重点作业区规划示意图